Guida alla Coltivazione delle Viole del Pensiero

Impara cosa fare bene per coltivare incantevoli Viole del Pensiero

A. Duller

I0478127

Lisa Shardon

Guida alla Coltivazione delle Viole del Pensiero

Introduzione

La Viola del Pensiero** (o *Viola tricolor*) è una delle piante ornamentali più amate e diffuse nei giardini di tutto il mondo, grazie alla sua bellezza, alla facilità di coltivazione e alla capacità di adattarsi a diversi ambienti. Conosciuta per i suoi vivaci e delicati fiori che vanno dal viola al giallo e al blu, questa pianta si distingue anche per il suo valore simbolico. Sin dall'antichità, la viola del pensiero è stata associata a concetti di amore, pensiero profondo e riflessione. Nel linguaggio dei fiori, essa rappresenta spesso il ricordo e l'affetto, il che la rende una scelta popolare anche per composizioni floreali e regali speciali.

In botanica, la viola del pensiero appartiene alla famiglia delle Violaceae e comprende un numero considerevole di specie. Esistono infatti molte varianti, diverse per colori, dimensioni e caratteristiche di crescita. Nonostante la comune associazione con i giardini in Europa e in Nord America, la pianta ha origini umili ed è nativa delle regioni europee, dove cresceva spontaneamente. Successivamente, è stata coltivata e ibridata per ottenere le diverse varietà conosciute oggi. A seguire, esploreremo le sue principali caratteristiche botaniche, le esigenze di coltivazione, e alcune delle varietà più popolari e diffuse nel mondo.

Caratteristiche Botaniche della Viola del Pensiero

La viola del pensiero è una pianta erbacea annuale o perenne, a seconda della specie, che appartiene alla famiglia delle Violaceae, la stessa a cui appartiene anche la viola mammola (*Viola odorata*). Le sue caratteristiche botaniche ne fanno una pianta molto versatile e apprezzata in diversi tipi di giardini. Di seguito vengono descritte in dettaglio le principali caratteristiche botaniche di questa affascinante pianta.

1. Radici

La viola del pensiero presenta un apparato radicale piuttosto superficiale e fibroso, che le consente di adattarsi facilmente ai terreni poco profondi, come quelli dei giardini rocciosi o delle fioriere. Tuttavia, questo tipo di radici rende la pianta sensibile alla siccità, poiché non può accedere a riserve d'acqua profonde. In terreni ben drenati, però, le radici della viola del pensiero possono estendersi in modo da garantire una buona stabilità e un assorbimento efficiente delle sostanze nutritive.

2. Fusto

Il fusto della viola del pensiero è erbaceo, relativamente corto e solitamente eretto o leggermente strisciante. È suddiviso in diversi nodi e internodi, dai quali si sviluppano foglie e fiori. Questo rende la pianta piuttosto compatta, ideale per creare bordure o per essere coltivata in vaso. Il fusto può essere

verde o leggermente violaceo e raramente
supera i 20-25 centimetri di altezza, rendendo
la pianta particolarmente adatta a formare
macchie di colore in giardino.

3. Foglie

Le foglie della viola del pensiero sono alterne,
ovvero si sviluppano in modo alternato lungo
il fusto, e presentano una forma ovale o
lanceolata, con margini dentellati o ondulati.
Sono di un verde medio o scuro, e la loro
superficie è generalmente liscia o leggermente
pubescente (ricoperta di una sottile peluria).
La disposizione delle foglie e la loro forma
contribuiscono a rendere la viola del pensiero
una pianta esteticamente gradevole anche al di
fuori del periodo di fioritura, poiché le foglie
sono dense e decorative.

4. Fiori

I fiori sono la parte più caratteristica e

riconoscibile della viola del pensiero. Di solito si trovano solitari su lunghi peduncoli e presentano una corolla a cinque petali, asimmetrica e colorata. La varietà di colori è ampia, con combinazioni che spaziano dal bianco al giallo, dall'arancione al viola intenso, dal blu al rosso. La corolla presenta spesso disegni simili a piccole "macchie" o "occhi" al centro, che rendono i fiori della viola del pensiero inconfondibili. I fiori possono raggiungere dai 2 ai 7 centimetri di diametro, a seconda della varietà, e sono solitamente profumati, anche se l'intensità della fragranza varia notevolmente tra le diverse specie.

5. Frutti e Semi

Il frutto della viola del pensiero è una capsula contenente numerosi piccoli semi. Quando matura, questa capsula si apre per rilasciare i semi, che possono essere raccolti per la riproduzione della pianta o lasciati cadere a terra affinché la viola del pensiero si riproduca spontaneamente. I semi sono di dimensioni molto ridotte, marroni o neri, e contengono tutte le informazioni genetiche necessarie per dare vita a nuove piante. In ambienti favorevoli, la viola del pensiero può auto-riprodursi e diffondersi nel giardino in modo naturale.

6. Ciclo di Vita

A seconda della specie, la viola del pensiero può essere annuale, biennale o perenne. Le varietà annuali germinano, fioriscono e producono semi in un'unica stagione, per poi morire. Le specie biennali, invece, impiegano due anni per completare il loro ciclo: durante il primo anno sviluppano principalmente le foglie, mentre nel secondo anno fioriscono e producono semi. Le specie perenni, infine, possono vivere diversi anni e rifiorire di stagione in stagione, anche se la loro durata dipende dalle condizioni ambientali e di coltivazione.

Varietà di Viola del Pensiero

Le varietà di viola del pensiero sono molte e variano per colore, dimensione dei fiori e resistenza al clima. Tra le più comuni troviamo:

1. **Viola tricolor**

La *Viola tricolor*, conosciuta anche come "pensiero selvatico", è una delle varietà più diffuse e amate. Questo tipo di viola presenta fiori di dimensioni medie, con una combinazione di colori che solitamente include il viola, il giallo e il bianco. La *Viola tricolor* è molto resistente e si adatta bene sia ai climi freschi che a quelli più caldi. È spesso utilizzata per creare bordure e aiuole colorate, grazie alla sua capacità di fiorire per gran parte dell'anno.

2. **Viola cornuta**

La *Viola cornuta*, originaria delle regioni

montane dell'Europa, è una varietà perenne molto apprezzata per i suoi fiori piccoli e profumati, che possono variare dal viola al blu e al giallo. Questa varietà ha un aspetto particolarmente elegante, con petali delicati e leggermente arricciati ai bordi. La *Viola cornuta* è molto resistente al freddo e può rifiorire per diverse stagioni, rendendola una scelta ideale per i giardini in zone dal clima più rigido.

3. **Viola odorata**

Conosciuta come viola mammola, la *Viola odorata* è una delle varietà più profumate. I suoi fiori sono solitamente di un colore viola intenso, ma possono variare anche al bianco o al rosa. La *Viola odorata* è una pianta perenne e tende a crescere bene in ombra parziale, dove sviluppa una vegetazione folta e compatta. Questa varietà è spesso utilizzata anche per la produzione di oli essenziali e profumi, grazie alla sua fragranza unica e persistente.

4. **Viola x wittrockiana**

La *Viola x wittrockiana* è una varietà ibrida, risultato dell'incrocio tra diverse specie di viole. È caratterizzata da fiori grandi, dai colori vivaci e spesso con una caratteristica "maschera" al centro, che rende questa viola estremamente appariscente. La *Viola x wittrockiana* è ideale per creare aiuole e bordure vistose, e fiorisce abbondantemente durante i mesi primaverili e autunnali. Essendo una varietà annuale o biennale, richiede di essere ripiantata ogni anno per mantenere la fioritura.

5. **Viola sororia**

La *Viola sororia*, o viola dei boschi, è una varietà che cresce spontanea nei boschi e nelle praterie dell'America del Nord. Questa viola ha fiori di un blu intenso e foglie cuoriformi, ed è molto resistente al freddo. È una pianta perenne che tende a propagarsi facilmente e che fiorisce in primavera. La *Viola sororia* è una scelta perfetta per chi desidera un giardino dall'aspetto più naturale e selvaggio.

6. **Viola labradorica**

La *Viola labradorica* è originaria delle regioni del Labrador e presenta fiori piccoli e delicati di colore viola scuro, quasi blu. Le sue foglie sono di un verde intenso

con riflessi porpora, rendendola una pianta decorativa anche durante i periodi di non fioritura. La *Viola labradorica* è perenne e molto resistente al freddo, e spesso viene utilizzata come copertura del suolo nelle aree ombrose del giardino.

Conclusioni

La viola del pensiero è una pianta estremamente versatile e ricca di varietà, che offre una vasta gamma di colori e forme. La sua coltivazione è semplice, e i suoi fiori vivaci la rendono un'aggiunta gradita a qualsiasi tipo di giardino.

Capitolo 1: Condizioni Climatiche Ideali, Scelta del Terreno e Preparazione, Tecniche di Semina della Viola del Pensiero

La **viola del pensiero** è una delle piante ornamentali più apprezzate grazie alla sua bellezza e alla capacità di adattarsi a diverse condizioni di crescita. La cura della viola del pensiero, come quella di molte altre specie di piante, parte dalla scelta delle condizioni climatiche ideali, della preparazione del terreno e delle tecniche di semina. Questi fattori sono cruciali per garantire fioriture abbondanti e piante rigogliose, e sono determinanti nel ciclo vitale della viola del pensiero.

Condizioni Climatiche Ideali

Per ottenere una crescita ottimale della viola del pensiero, è essenziale fornire un ambiente che rispetti le sue esigenze climatiche naturali. Anche se questa pianta è nota per la sua adattabilità, vi sono alcune condizioni ideali che favoriscono una fioritura abbondante e duratura.

1. Temperatura

La viola del pensiero è una pianta relativamente resistente alle variazioni di temperatura, il che la rende adatta a diverse zone climatiche. Tuttavia, predilige temperature fresche, poiché l'eccessivo calore può comprometterne la fioritura e la salute generale.

- **Temperature ottimali**: Le temperature ideali per la crescita della viola del pensiero oscillano tra i 10°C e i 20°C. Questo range consente alla pianta di svilupparsi vigorosamente e di produrre fiori vivaci.

- **Sensibilità al caldo**: Le temperature superiori ai 25°C possono mettere a dura prova la pianta, riducendo la sua capacità di fioritura. In estate, soprattutto in climi molto caldi, la viola del pensiero può entrare in una fase di stasi o anche cessare completamente la produzione di fiori.

- **Resistenza al freddo**: La viola del pensiero è resistente al freddo e può tollerare temperature vicino allo zero o leggermente inferiori, sebbene temperature estremamente rigide (-5°C o inferiori) possano danneggiare la pianta, specialmente se è giovane. In aree con inverni miti, la viola del pensiero è persino capace di fiorire durante tutto l'inverno.

2. Luce Solare

La viola del pensiero è una pianta che ama la luce, ma che predilige l'esposizione a luce indiretta o filtrata.

- **Luce ideale**: Un'esposizione solare parziale o una luce indiretta intensa è generalmente l'opzione migliore per favorire una fioritura abbondante. In aree con climi più freschi, la viola del pensiero può essere collocata in pieno sole per buona parte della giornata.

- **Protezione dal sole diretto**: In zone molto calde o durante i mesi estivi, è meglio fornire alla pianta una leggera ombra, specialmente nelle ore centrali della giornata, per prevenire lo stress termico e l'appassimento. In alternativa, può essere utile collocarla in un punto dove riceva luce al mattino e ombra nel pomeriggio.

- **Luce in ambienti interni**: Se coltivata in vaso in ambienti interni, la viola del pensiero necessita di una buona esposizione alla luce naturale. Posizionarla vicino a una finestra esposta a sud o a ovest è una buona scelta; tuttavia, può beneficiare anche di una luce artificiale, come lampade per piante, nei periodi più bui.

3. Umidità

L'umidità è un altro fattore importante per la salute della viola del pensiero, poiché un ambiente eccessivamente secco o umido può influire negativamente sulla pianta.

- **Umidità moderata**: La viola del pensiero predilige un'umidità relativa moderata, intorno al 50-60%. Questo livello di umidità è tipico di molti ambienti esterni in climi temperati.

- **Sensibilità all'umidità alta**: In ambienti eccessivamente umidi, la pianta può sviluppare problemi di muffa e altre malattie fungine. È quindi importante mantenere il terreno umido ma ben drenato e assicurare una buona ventilazione.

4. Circolazione dell'Aria

Una buona circolazione dell'aria è fondamentale per prevenire lo sviluppo di malattie fungine, che possono danneggiare seriamente la viola del pensiero. Le piante che crescono in ambienti chiusi e poco ventilati sono più esposte a questo tipo di patologie.

Scelta del Terreno e Preparazione

Una volta compreso il tipo di clima che meglio si adatta alla viola del pensiero, è essenziale selezionare e preparare un terreno appropriato. Il substrato ideale offre un buon equilibrio tra drenaggio e capacità di trattenere l'umidità, oltre a fornire alla pianta i nutrienti di cui ha bisogno.

1. Tipologia di Terreno

La viola del pensiero cresce bene in terreni leggeri e ben drenati, che evitino ristagni d'acqua. Alcune delle caratteristiche ideali del terreno includono:

- **Terreno leggermente acido o neutro**: La viola del pensiero preferisce un terreno con un pH compreso tra 6,0 e 7,5. Un pH leggermente acido o neutro aiuta la pianta a svilupparsi meglio e ad assorbire i nutrienti in modo efficace.

- **Terriccio soffice e ricco di sostanza organica**: Un terreno arricchito con sostanza organica, come compost o torba, migliora la struttura del terreno, favorendo il drenaggio e al contempo trattenendo una giusta quantità di umidità.

- **Evitare i terreni argillosi**: I terreni argillosi, pesanti e compatti, trattengono troppo l'acqua e possono causare ristagni, che portano alla marcescenza delle radici. Se si dispone solo di un terreno argilloso, è consigliabile migliorarlo con l'aggiunta di sabbia o perlite per renderlo più leggero e drenante.

2. Preparazione del Terreno

La preparazione del terreno è un passaggio fondamentale per garantire una crescita sana alla viola del pensiero. Vediamo alcuni passi chiave per una preparazione ottimale.

A. Rimozione delle Erbacce

Prima di piantare la viola del pensiero, è importante rimuovere tutte le erbacce e altri residui vegetali dal terreno. Le erbacce possono competere con la pianta per i nutrienti e l'acqua, ostacolandone la crescita.

B. Lavorazione del Terreno

È consigliabile lavorare il terreno, dissodandolo a una profondità di circa 15-20 centimetri. Questo aiuta a rompere la crosta superficiale e a rendere il terreno più soffice, favorendo l'attecchimento delle radici.

C. Aggiunta di Compost o Torba

Incorporare nel terreno del compost o della torba migliora la struttura del suolo e fornisce nutrienti essenziali alla pianta. È sufficiente aggiungere uno strato di circa 3-5 centimetri di compost, che va poi mescolato nel terreno.

D. Verifica del Drenaggio

Per testare il drenaggio del terreno, è possibile riempire una piccola buca con dell'acqua e controllare quanto tempo impiega a scomparire. Se l'acqua ristagna per troppo tempo, potrebbe essere necessario aggiungere sabbia o perlite.

Tecniche di Semina

Una volta preparato il terreno, è possibile procedere alla semina della viola del pensiero. Esistono diverse tecniche di semina, che possono variare a seconda che si desideri coltivare la pianta in vaso o in piena terra.

1. Scelta delle Sementi

Le sementi di viola del pensiero possono essere acquistate presso i vivai o online, e generalmente sono disponibili in una vasta gamma di varietà. Scegliere semi freschi è importante per assicurarsi una buona germinazione. Le sementi possono essere conservate in un luogo fresco e asciutto fino al momento della semina.

2. Semina in Piena Terra

La semina in piena terra è ideale per coloro che desiderano creare bordure o aiuole di viole del pensiero. Vediamo come procedere passo passo.

A. Periodo di Semina

Il momento migliore per la semina della viola del pensiero in piena terra dipende dal clima locale. In generale:

- **Primavera**: In regioni a clima temperato, la semina può essere effettuata in primavera per ottenere fioriture estive.

- **Autunno**: In climi più caldi, è consigliabile seminare in autunno per una fioritura invernale o primaverile.

B. Profondità e Distanza tra i Semi

I semi di viola del pensiero sono molto piccoli, quindi devono essere seminati a una profondità di circa 0,5-1 centimetro. Dopo aver seminato, coprire leggermente con un sottile strato di terriccio. Mantenere una

distanza di circa 10-15 centimetri tra i semi o le piantine per evitare la competizione per i nutrienti e per favorire una buona circolazione dell'aria tra le piante.

C. Irrigazione dopo la Semina

Dopo aver seminato i semi, annaffiare delicatamente per mantenere il terreno umido ma non eccessivamente bagnato. Durante la fase di germinazione, il terreno dovrebbe rimanere costantemente umido per favorire lo sviluppo delle giovani piantine.

3. Semina in Vaso

La viola del pensiero si presta anche alla coltivazione in vaso, una scelta perfetta per chi dispone di spazi ridotti o desidera arricchire balconi e terrazzi.

A. Scelta del Vaso

Il vaso deve essere abbastanza ampio e profondo per consentire lo sviluppo delle radici; un diametro di almeno 20 centimetri è ideale. Assicurarsi che il vaso abbia fori di drenaggio sul fondo per evitare ristagni d'acqua.

B. Terriccio

Per la coltivazione in vaso, utilizzare un

terriccio specifico per piante da fiore,
possibilmente arricchito con un po' di
compost.

Capitolo 2: Cura delle Piantine di Viola del Pensiero

Prendersi cura della viola del pensiero richiede un'attenzione specifica, specialmente durante le fasi di crescita iniziale. Una pianta che riceve le giuste cure diventa forte, fiorisce abbondantemente e resiste meglio agli attacchi di parassiti e malattie. In questo capitolo esploreremo dettagliatamente le pratiche ideali di irrigazione, drenaggio, concimazione e protezione dalle malattie.

Irrigazione e Drenaggio

L'irrigazione è una delle pratiche più delicate nella cura della viola del pensiero. Questa pianta ama un terreno costantemente umido, ma soffre i ristagni d'acqua. Vediamo in dettaglio come gestire l'irrigazione e assicurare un buon drenaggio.

1. Frequenza di Irrigazione

La frequenza con cui irrigare la viola del pensiero dipende da diversi fattori: le condizioni climatiche, il tipo di terreno, e il periodo di crescita della pianta.

- **Durante la fase di germinazione**: In questa fase iniziale, il terreno deve essere mantenuto costantemente umido per favorire lo sviluppo delle giovani radici. È consigliabile irrigare poco ma frequentemente, mantenendo la superficie del terreno appena umida.

- **Fase di crescita attiva e fioritura**: Durante la crescita e la fioritura, la pianta necessita di un'irrigazione regolare. In estate, è preferibile irrigare al mattino presto o alla sera per evitare che il sole intenso evapori rapidamente l'acqua.

- **Autunno e inverno**: In queste stagioni, la viola del pensiero riduce la sua attività vegetativa, richiedendo quindi un'irrigazione più moderata. La frequenza dovrebbe essere adattata alle condizioni climatiche, soprattutto in inverno, quando un eccesso di umidità può favorire il marciume radicale.

2. Quantità d'Acqua

È importante evitare sia l'eccesso che la carenza d'acqua. Ecco alcuni consigli:

- **Annaffiature leggere e frequenti**: Per evitare il ristagno d'acqua, è meglio irrigare poco e spesso, piuttosto che eseguire annaffiature abbondanti e meno frequenti.

- **Acqua a temperatura ambiente**: Utilizzare acqua a temperatura ambiente per evitare shock termici alla pianta, specialmente se l'irrigazione avviene al mattino presto o alla sera.

3. Tecniche di Irrigazione

Le tecniche di irrigazione possono variare in base alla collocazione della pianta (vaso o piena terra) e alla disponibilità di strumenti di irrigazione.

- **Irrigazione a goccia**: Questo sistema è ideale per mantenere costante l'umidità del terreno senza eccessi. L'irrigazione a goccia evita inoltre di bagnare direttamente le foglie e i fiori, riducendo il rischio di malattie fungine.

- **Annaffiatoio con beccuccio lungo**: Quando si utilizza un annaffiatoio, scegliere un modello con un beccuccio lungo che consenta di dirigere l'acqua direttamente alla base della pianta.

- **Irrigazione dal basso**: Se la viola del pensiero è coltivata in vaso, un metodo efficace è l'irrigazione dal basso. Riempire un sottovaso d'acqua e lasciare che la pianta assorba l'acqua dalle radici, evitando così che le foglie si bagnino.

4. Drenaggio

Il drenaggio è fondamentale per la salute della viola del pensiero, poiché la pianta non tollera ristagni d'acqua.

- **Terreno ben drenato**: Il substrato deve contenere elementi che favoriscono il drenaggio, come sabbia o perlite, che permettono all'acqua di defluire facilmente, evitando ristagni.

- **Vasi con fori di drenaggio**: Se coltivata in vaso, è essenziale che il contenitore abbia fori di drenaggio. Si può anche aggiungere uno strato di argilla espansa sul fondo del vaso per migliorare ulteriormente il drenaggio.

- **Sottovasi**: Nei vasi è importante controllare il sottovaso e svuotarlo regolarmente. Un sottovaso pieno d'acqua favorisce il ristagno e il marciume radicale.

Concimazione e Nutrizione

Una corretta nutrizione è essenziale per la crescita della viola del pensiero. La concimazione, se fatta in modo adeguato, consente alla pianta di svilupparsi in modo sano, di produrre fiori vigorosi e di essere più resistente agli stress ambientali e ai parassiti.

1. Tipologie di Concime

I fertilizzanti per la viola del pensiero si dividono in due principali categorie: concimi organici e concimi chimici.

- **Concimi organici**: Compost, letame maturo e humus di lombrico sono ottimi fertilizzanti per le viole del pensiero. I concimi organici migliorano la struttura del terreno e apportano nutrienti in modo naturale e graduale, senza rischi di sovradosaggio.

- **Concimi chimici**: I concimi chimici, se utilizzati con moderazione, possono essere efficaci per fornire nutrienti in tempi rapidi. Scegliere un concime a lenta cessione per evitare un rilascio troppo rapido dei nutrienti.

2. Macro e Micronutrienti Essenziali

La viola del pensiero ha bisogno di diversi

nutrienti per crescere sana e produrre fiori di qualità. I principali nutrienti sono:

- **Azoto (N)**: Essenziale per la crescita delle foglie e delle parti verdi della pianta.

- **Fosforo (P)**: Importante per la formazione delle radici e dei fiori.

- **Potassio (K)**: Favorisce la resistenza della pianta a malattie e parassiti e migliora la qualità della fioritura.

- **Micronutrienti**: Zinco, ferro, manganese e rame sono micronutrienti che la viola del pensiero richiede in quantità minime, ma che sono essenziali per la sua salute e per il buon funzionamento dei processi enzimatici.

3. Frequenza di Concimazione

La frequenza di concimazione dipende dallo stadio di crescita della pianta e dal tipo di concime utilizzato.

- **Concimazione iniziale**: È consigliabile aggiungere un concime organico, come compost o letame maturo, durante la preparazione del terreno, prima della semina o del trapianto.

- **Durante la crescita**: Durante la fase di crescita attiva, una concimazione leggera ogni due settimane è sufficiente. Si consiglia un concime bilanciato, con rapporto N-P-K simile, per supportare il fabbisogno generale della pianta.

- **Fioritura**: Durante la fioritura, è preferibile utilizzare un concime con un rapporto più elevato di fosforo e potassio (es. 5-10-10). Questo favorisce lo sviluppo dei fiori e ne prolunga la durata.

4. Modalità di Applicazione

La concimazione può essere effettuata in diversi modi:

- **Concime liquido**: Diluito in acqua,

viene applicato direttamente sul terreno durante l'irrigazione.

- **Concime granulare**: Viene distribuito intorno alla base della pianta e successivamente annaffiato per favorire il rilascio dei nutrienti.

- **Concime fogliare**: Spruzzato direttamente sulle foglie, è particolarmente utile per integrare i micronutrienti. È consigliabile utilizzare un concime fogliare al mattino presto o alla sera per evitare scottature fogliari.

Coping con Malattie e Parassiti

La viola del pensiero, sebbene relativamente resistente, può essere attaccata da varie malattie e parassiti, specialmente se coltivata in condizioni non ideali. Una corretta gestione preventiva e, se necessario, l'intervento diretto sono essenziali per preservare la salute della pianta.

1. Malattie Comuni

A. Oidio

L'oidio è una malattia fungina che si manifesta come una patina biancastra sulle foglie e sui fusti.

- **Cause**: L'oidio è favorito da condizioni di umidità elevata e da una scarsa ventilazione.

- **Prevenzione**: Evitare l'irrigazione eccessiva e assicurare una buona circolazione dell'aria intorno alla pianta.

- **Trattamento**: Se l'oidio è già presente, è possibile trattare la pianta con fungicidi a base di zolfo o bicarbonato di sodio.

B. Muffa Grigia

La muffa grigia, causata dal fungo *Botrytis

cinerea*, provoca macchie marroni sui fiori e sulle foglie.

- **Cause**: Questa malattia è favorita da umidità eccessiva e basse temperature.

- **Prevenzione**: Evitare l'irrigazione eccessiva e rimuovere le foglie danneggiate o cadute sul terreno.

- **Tratt

amento**: Utilizzare fungicidi specifici per la botrite e, se possibile, migliorare il drenaggio del terreno.

C. Marciume Radicale

Il marciume radicale è una malattia che colpisce le radici, causandone l'ingiallimento e la morte.

- **Cause**: Ristagni d'acqua e scarsa

ventilazione del terreno.

- **Prevenzione**: Assicurare un buon drenaggio e non eccedere con l'irrigazione.

- **Trattamento**: Non esistono trattamenti efficaci per il marciume radicale; la prevenzione è la miglior strategia.

2. Parassiti Comuni

A. Afidi

Gli afidi sono piccoli insetti che si nutrono della linfa della pianta, causando danni e deformazioni delle foglie.

- **Prevenzione**: È possibile utilizzare piante compagne che respingano gli afidi, come il basilico o la calendula.

- **Trattamento**: Gli afidi possono essere eliminati con insetticidi naturali a base di sapone di potassio o con spray a base di olio di neem.

B. Lumache e Chiocciole

Le lumache si nutrono delle foglie e possono danneggiare gravemente la pianta, specialmente nelle fasi iniziali.

- **Prevenzione**: Creare barriere fisiche come cenere di legno, sabbia o gusci di uova attorno alla pianta per scoraggiare lumache e chiocciole.

- **Trattamento**: È possibile rimuoverle manualmente o utilizzare esche specifiche.

C. Tripidi

I tripidi sono piccoli insetti che possono causare macchie e cicatrici sulle foglie e sui fiori.

- **Prevenzione**: Mantenere il giardino pulito e rimuovere i detriti vegetali per ridurre l'habitat dei tripidi.

- **Trattamento**: Gli insetticidi a base di piretro o olio di neem sono efficaci contro i tripidi.

Capitolo 3: Potatura e Mantenimento della Pianta di Viola del Pensiero

Le viole del pensiero sono piante delicate, e per ottenere una crescita ottimale e una fioritura abbondante, necessitano di cure costanti, inclusi potatura e mantenimento regolare. Questi processi non solo aiutano la pianta a svilupparsi in modo sano, ma permettono anche di prolungare la fase di fioritura e di ottenere fiori più belli e duraturi.

Potatura e Mantenimento

La potatura delle viole del pensiero può sembrare un'operazione minore, ma ha un impatto significativo sulla salute e sull'estetica della pianta. Vediamo nei dettagli come, quando e perché potare questa pianta.

1. Importanza della Potatura

La potatura delle viole del pensiero ha molteplici benefici:

- **Stimola la crescita di nuovi germogli**: La potatura aiuta la pianta a concentrare le sue energie sui nuovi germogli, favorendo la formazione di nuovi fiori.

- **Previene malattie e infestazioni**: Rimuovere foglie e fiori secchi riduce il rischio di malattie fungine e parassiti, che tendono ad attaccarsi alle parti morte o danneggiate della pianta.

- **Mantiene una forma compatta e ordinata**: La potatura aiuta a mantenere la pianta ordinata, con una forma armoniosa e compatta.

2. Quando Potare

Il momento ideale per la potatura varia a seconda della stagione e delle condizioni della pianta.

- **Primavera ed estate**: Durante la fase di crescita attiva, la potatura si concentra soprattutto sulla rimozione dei fiori appassiti. Questa operazione, detta anche *deadheading*, stimola la pianta a produrre nuovi fiori.

- **Autunno**: All'inizio dell'autunno, è consigliabile una potatura leggera per eliminare le foglie danneggiate e preparare la pianta alla stagione invernale.

- **Inverno**: Se la viola del pensiero è coltivata all'esterno, in inverno rallenta la sua attività vegetativa. In questa fase, la potatura si limita alla rimozione di parti secche o marce, evitando tagli troppo drastici.

3. Tecniche di Potatura

La potatura delle viole del pensiero può essere effettuata in diversi modi, a seconda dell'obiettivo:

- **Rimozione dei fiori appassiti

(Deadheading)**: Tagliare i fiori appassiti stimola la produzione di nuovi fiori. È sufficiente recidere lo stelo alla base, vicino alla corona della pianta.

- **Rimozione delle foglie secche o malate**: Usare delle forbici da giardinaggio per tagliare le foglie secche, ingiallite o malate. Questa operazione migliora la ventilazione e riduce il rischio di malattie.

- **Taglio della crescita eccessiva**: Se la pianta tende a espandersi eccessivamente, è possibile accorciare alcuni rami per mantenere una forma più compatta. Questo tipo di potatura aiuta la pianta a sviluppare nuove gemme in modo più ordinato e uniforme.

4. Strumenti Necessari

Gli strumenti per la potatura delle viole del pensiero sono semplici ma devono essere puliti e affilati per evitare danni alla pianta:

- **Forbici da potatura**: Per i tagli più

piccoli e delicati.

- **Coltello affilato**: Utile per rimuovere parti secche e per tagli precisi.

- **Guanti da giardinaggio**: Per proteggere le mani durante la potatura, specialmente se si lavora su piante più dense.

Raccolta dei Fiori

La raccolta dei fiori di viola del pensiero può essere fatta sia per scopi estetici che per l'utilizzo culinario. È importante eseguire la raccolta in modo corretto per non danneggiare la pianta e favorire una fioritura continua.

1. Quando Raccogliere i Fiori

I fiori di viola del pensiero possono essere raccolti in diversi momenti della stagione, ma è preferibile farlo quando sono ben aperti e nel pieno della loro freschezza:

- **Mattino presto**: È il momento ideale per raccogliere i fiori, quando sono freschi e pieni di umidità naturale.

- **Periodo di fioritura massima**: Durante la fase di fioritura massima, è possibile raccogliere i fiori regolarmente, favorendo così una produzione continua.

2. Tecniche di Raccolta

- **Taglio alla base del fiore**: Usare delle forbici per recidere lo stelo alla base, facendo attenzione a non danneggiare le altre parti della pianta.

- **Evitare di raccogliere troppi fiori alla volta**: È importante lasciare sempre una buona quantità di fiori sulla pianta per non compromettere il suo ciclo di crescita.

3. Conservazione dei Fiori Raccolti

Se si raccolgono i fiori per usi decorativi o

culinari, è possibile conservarli:

- **Refrigerazione**: I fiori freschi possono essere conservati in frigorifero, avvolti in carta umida per mantenerli freschi.

- **Essiccazione**: Per decorazioni durature, i fiori possono essere essiccati. Basta appenderli a testa in giù in un luogo fresco e asciutto, lontano dalla luce diretta.

Utilizzi Culinari e Decorativi

La viola del pensiero è apprezzata non solo per la sua bellezza, ma anche per i suoi molteplici usi culinari e decorativi.

1. Utilizzi Culinari

I fiori di viola del pensiero sono commestibili e vengono utilizzati in cucina per decorare e insaporire diversi piatti. Hanno un sapore delicato, leggermente dolce, che si abbina bene a molti ingredienti.

- **Insalate**: I petali colorati della viola del pensiero aggiungono un tocco estetico e un sapore leggero alle insalate. Possono essere utilizzati interi o tagliati a strisce.

- **Dessert e dolci**: I fiori sono ideali per decorare dolci, torte e dessert al cucchiaio. Possono essere anche canditi, immergendoli in uno sciroppo di zucchero e lasciandoli asciugare per un risultato croccante e decorativo.

- **Cocktail e bevande**: Un singolo fiore di viola del pensiero può essere aggiunto a cocktail e bevande per una presentazione elegante. Congelare i fiori nei cubetti di ghiaccio è un'idea originale per decorare drink estivi.

- **Tisane e infusi**: I petali possono essere utilizzati per preparare tisane, con proprietà lenitive e rilassanti.

2. Utilizzi Decorativi

Oltre alla cucina, le viole del pensiero trovano largo impiego nella decorazione, sia per la loro forma che per i colori vibranti.

- **Decorazione di tavole**: I fiori freschi possono essere disposti su piatti, vassoi e centrotavola per abbellire la tavola durante eventi e cene.

- **Pot-pourri**: Essiccati, i fiori possono essere miscelati con altre erbe aromatiche e spezie per creare pot-pourri profumati e decorativi.

- **Composizioni floreali**: Le viole del pensiero sono spesso utilizzate in composizioni di fiori secchi o freschi per creare decorazioni da interno.

Coltivazione in Vaso

Coltivare la viola del pensiero in vaso è un'opzione pratica per chi non dispone di un giardino o desidera decorare balconi e terrazze.

1. Scelta del Vaso

Il vaso gioca un ruolo fondamentale nella crescita della pianta:

- **Dimensioni**: Un vaso con un diametro di almeno 20 cm e una profondità di 15 cm è sufficiente per consentire alle radici di svilupparsi.

- **Materiale**: I vasi di terracotta sono ideali poiché permettono una migliore traspirazione e mantengono il terreno fresco. Anche i vasi in plastica possono andare bene, ma bisogna assicurarsi che abbiano fori di drenaggio.

2. Terriccio e Substrato

La scelta del substrato è cruciale per le viole del pensiero coltivate in vaso:

- **Terriccio universale**: Un buon terriccio universale, arricchito con compost, garantisce i nutrienti necessari.

- **Drenaggio**: È possibile aggiungere uno strato di ghiaia o argilla espansa sul fondo del vaso per favorire il drenaggio ed evitare ristagni d'acqua.

3. Esposizione e Posizionamento

Le viole del pensiero coltivate in vaso devono essere collocate in un luogo che riceva luce solare diretta per alcune ore al giorno, preferibilmente al mattino. Durante i mesi estivi, è consigliabile spostare i vasi in una

zona semi-ombreggiata per proteggere la pianta dal caldo eccessivo.

4. Irrigazione e Concimazione

La coltivazione in vaso richiede una maggiore attenzione all'irrigazione, poiché il terriccio tende a seccarsi più velocemente rispetto alla coltivazione in piena terra.

- **Irrigazione frequente**: Mantenere il terreno umido, ma evitare il ristagno. Irrigare al mattino presto o alla sera per ridurre l'evaporazione.

- **Concimazione**: Utilizzare un concime liquido ogni due settimane durante la fase di crescita attiva e ridurre le somministrazioni in inverno.

5. Potatura e Manutenzione in Vaso

La potatura delle viole del pensiero coltivate in vaso segue le stesse linee guida della coltivazione in piena terra. Tuttavia, in vaso è necessario prestare maggiore attenzione alla rimozione delle parti secche e alla potatura per mantenere una forma compatta.

6. Sostituzione del Terriccio

Per evitare il deperimento della pianta, si consiglia di sostituire il terriccio ogni primavera. Questa operazione fornisce nuovi nutrienti alla pianta e migliora il drenaggio, prevenendo l'accumulo di parassiti o malattie nel substrato.

Capitolo 4: Suggerimenti per la Propagazione della Viola del Pensiero

La propagazione della viola del pensiero (Viola tricolor) è un processo affascinante che permette di moltiplicare questa pianta ornamentale e di godere delle sue bellissime fioriture in vari angoli del giardino o in casa. In questo capitolo, esploreremo vari metodi di propagazione, fornendo dettagli pratici e suggerimenti per ottenere risultati ottimali.

1. Metodi di Propagazione

Esistono diversi metodi per propagare la viola del pensiero, ognuno con i suoi vantaggi e requisiti specifici. I principali metodi includono la semina, la talea e la divisione delle piante.

1.1. Propagazione per Semina

La propagazione per semina è uno dei metodi più comuni e tradizionali per moltiplicare la viola del pensiero. Questo metodo richiede tempo e pazienza, ma è molto gratificante.

A. Raccolta dei Semi

I semi di viola del pensiero possono essere raccolti alla fine dell'estate o all'inizio dell'autunno, una volta che i fiori sono appassiti e i baccelli sono ben formati.

- **Controllo della Maturità**: Aspettare che i baccelli diventino secchi e inizino a schiudersi. Questo indica che i semi sono pronti per la raccolta.

- **Conservazione**: I semi raccolti devono essere asciugati e conservati in un luogo fresco e buio, preferibilmente in una busta di carta o in un contenitore di vetro.

B. Preparazione del Terreno

Per la semina, è fondamentale preparare un buon terreno.

- **Terriccio**: Utilizzare un terriccio leggero e ben drenato, arricchito con compost o torba per migliorare la fertilità. Un mix di terriccio universale e sabbia fine è ideale.

- **Contenitori**: Le piantine possono essere seminate in vasi, cassette o direttamente nel giardino. Assicurarsi che i contenitori abbiano fori di drenaggio.

C. Tecniche di Semina

- **Semina Diretta**: Se si semina all'aperto, scegliere una giornata nuvolosa per evitare il sole diretto. Distribuire i semi uniformemente e coprire leggermente con un sottile strato di terriccio.

- **Semina in Vaso**: Se si opta per la semina in contenitori, posizionare i semi sulla superficie del terriccio e coprire con uno strato di 0,5-1 cm di terriccio. Innaffiare delicatamente per non disturbare i semi.

D. Condizioni di Germinazione

La temperatura ideale per la germinazione dei semi di viola del pensiero è compresa tra 18 e 24 °C.

- **Umidità**: Mantenere il terriccio umido, ma non inzuppato. Utilizzare un vaporatore per mantenere l'umidità senza allagare il terreno.

- **Luce**: I semi necessitano di luce per germinare. Posizionare i contenitori in un luogo luminoso, evitando il sole diretto che potrebbe surriscaldare il substrato.

1.2. Propagazione per Talea

La propagazione per talea è un metodo veloce e efficace, che permette di ottenere piante identiche alla pianta madre.

A. Raccolta delle Talee

- **Scelta della Pianta**: Scegliere una pianta sana e vigorosa. Le talee devono essere prelevate da steli giovani, flessibili e senza fiori.

- **Taglio**: Utilizzare forbici pulite e affilate per tagliare steli di circa 10-15 cm, assicurandosi che ogni talea abbia almeno un nodo.

B. Preparazione delle Talee

- **Rimozione delle Foglie**: Eliminare le foglie inferiori della talea per ridurre l'evaporazione. Lasciare solo alcune foglie nella parte superiore.

- **Ormoni Radicanti**: Per migliorare le possibilità di radicazione, è consigliabile immergere l'estremità della talea in un ormone radicante prima di piantarla.

C. Messa a Dimora

- **Terreno**: Utilizzare un mix di terriccio per talee e sabbia, che favorisce un buon drenaggio.

- **Piantumazione**: Inserire la talea nel substrato, premendo delicatamente attorno alla base per stabilizzarla.

D. Condizioni di Radicazione

- **Umidità**: Coprire il contenitore con un sacchetto di plastica o un contenitore di vetro per mantenere un alto livello di umidità. Rimuovere quotidianamente il coperchio per evitare la formazione di muffa.

- **Luce**: Posizionare le talee in un luogo luminoso ma senza luce solare diretta.

E. Tempo di Radicazione

Le talee di viola del pensiero generalmente radicano entro 2-4 settimane. Quando le radici sono ben sviluppate, le piante possono essere trasferite in vasi individuali.

1.3. Propagazione per Divisione

Questo metodo è utile per piante mature che hanno raggiunto una certa dimensione e possono essere divise per favorire la crescita.

A. Quando Dividere

La divisione delle piante di viola del pensiero è meglio eseguita in primavera o in autunno, quando le piante sono in fase di crescita attiva.

B. Procedura di Divisione

- **Rimozione della Pianta**: Estirpare la pianta dal terreno con attenzione, facendo attenzione a non danneggiare le radici.

- **Divisione**: Utilizzare un coltello affilato e pulito per separare la pianta in sezioni, assicurandosi che ogni divisione abbia almeno alcune radici e germogli.

C. Ripiantumazione

- **Terreno**: Preparare il terreno come per la semina.

- **Piantumazione**: Ripiantare immediatamente le divisioni nel nuovo terreno, mantenendo la stessa profondità rispetto al livello del suolo originale.

2. Suggerimenti per una Propagazione di Successo

La propagazione della viola del pensiero può essere semplificata seguendo alcuni suggerimenti chiave:

2.1. Scelta della Varietà

Esistono diverse varietà di viola del pensiero, ognuna con le proprie caratteristiche. Scegliere varietà resistenti e adattabili per migliorare le possibilità di successo nella propagazione.

2.2. Monitoraggio delle Condizioni Ambientali

- **Temperatura**: Monitorare la temperatura durante la germinazione e la radicazione. Se necessario, utilizzare una serra o una copertura per mantenere una temperatura costante.

- **Umidità**: Controllare l'umidità del terreno. Un eccesso di umidità può portare a malattie fungine, mentre una carenza può ostacolare la crescita.

2.3. Pazienza e Pratica

La propagazione richiede tempo. È importante avere pazienza e non scoraggiarsi se i risultati non sono immediati. Con la pratica, si miglioreranno le tecniche di propagazione.

2.4. Utilizzo di Materiale di Qualità

Assicurarsi di utilizzare semi, talee e piante madri di alta qualità per garantire un buon tasso di successo. Piante malate o compromesse possono trasmettere problemi alle nuove piantine.

2.5. Documentare i Progressi

Tenere un diario delle pratiche di propagazione aiuta a monitorare i progressi e a identificare cosa funziona meglio. Annotare le date di semina, le tecniche utilizzate e i risultati ottenuti può essere utile per migliorare le future propagazioni.

3. Domande Frequenti (FAQ)

3.1. Quando è il momento migliore per propagare la viola del pensiero?

Il momento migliore per propagare la viola del pensiero è all'inizio della primavera o in autunno. In primavera, le piante sono in fase di crescita attiva, mentre in autunno la pianta è ancora forte e in grado di adattarsi a un nuovo ambiente.

3.2. Posso propagare la viola del pensiero in acqua?

Sì, è possibile propagare le talee di viola del pensiero in acqua. Dopo aver tagliato la talea, posizionarla in un contenitore d'acqua fino a quando non si sviluppano radici. Successivamente, è consigliabile trasferirla in un substrato per piante.

3.3. Qual è il metodo di propagazione più semplice?

Il metodo più semplice per propagare la viola del pensiero è la semina. Anche se richiede più tempo, è un processo naturale che consente di ottenere piante forti e sane.

3.4. Come posso sapere se la talea ha radicato?

La talea di viola del pensiero ha radicato quando presenta nuove foglie o una crescita visibile. Inoltre, una leggera resistenza quando si tira delicatamente sulla talea

indica che ha sviluppato delle radici.

3.5. La viola del pensiero è resistente alle

malattie?

Le viole del pensiero sono generalmente resistenti, ma possono essere soggette a malattie fungine, come la muffa grigia. Mantenere una buona circolazione dell'aria e praticare una corretta potatura e cura del terreno aiuta a prevenire questi problemi.

3.6. Posso utilizzare semi di viola del pensiero acquistati in negozio?

Sì, è possibile utilizzare semi di viola del pensiero acquistati in negozio. Tuttavia, assicurarsi di scegliere semi di alta qualità provenienti da un fornitore affidabile.

3.7. Quanto tempo ci vuole per vedere i fiori dopo la semina?

Dopo la semina, ci vogliono generalmente 10-14 settimane affinché i semi germoglino e producano fiori. Tuttavia, i tempi possono variare in base alla varietà e alle condizioni di crescita.

3.8. Posso propagare la viola del pensiero in casa?

Sì, è possibile propagare la viola del pensiero in casa. È importante fornire luce sufficiente, temperatura controllata e umidità adeguata per garantire il successo della propagazione.

3.9. Quali sono i segni di una pianta malata di viola del pensiero?

I segni di una pianta malata possono includere foglie ingiallite, macchie marroni, steli appassiti o deformati e una riduzione della fioritura. Se noti questi sintomi, è importante isolare la pianta e trattarla tempestivamente.

3.10. Posso utilizzare la viola del pensiero in giardino e in vaso?

Sì, la viola del pensiero è versatile e può essere coltivata sia in giardino che in vaso. La scelta dipende dalle preferenze personali e dalle condizioni ambientali.

La propagazione della viola del pensiero offre l'opportunità di moltiplicare questa bellissima pianta, che non solo arricchisce i giardini e gli spazi verdi, ma può anche deliziare i sensi con i suoi fiori vivaci e il suo profumo delicato. Con i giusti metodi e le tecniche appropriate, è possibile ottenere piante sane e rigogliose che fioriranno per molte stagioni a venire. Sia che si scelga di propagare per semina, talea o divisione, seguire i consigli forniti in questo capitolo garantirà risultati soddisfacenti e gratificanti.

Glossario

La viola del pensiero, nota scientificamente come *Viola tricolor*, è una pianta ornamentale apprezzata per la sua bellezza e versatilità. Per facilitare la comprensione di termini e concetti legati a questa pianta, abbiamo creato un glossario dettagliato. Questa risorsa è utile sia per giardinieri esperti che per principianti che desiderano approfondire le proprie conoscenze sulla coltivazione e la cura della viola del pensiero.

A

Ambienti di coltivazione

Riferito ai diversi spazi in cui è possibile coltivare la viola del pensiero, inclusi giardini, terrazze, balconi e interni. La scelta dell'ambiente influisce sulla crescita e sulla fioritura della pianta.

Antociani

Pigmenti presenti nelle viole del pensiero che conferiscono ai fiori i loro colori vivaci, come il blu, il viola e il giallo. Gli antociani hanno anche proprietà antiossidanti e benefiche per la salute.

B

Biologia della pianta

Studio delle caratteristiche biologiche e fisiologiche della viola del pensiero, compresi i suoi cicli di vita, la riproduzione, la fotosintesi e la risposta agli stimoli ambientali.

Bottone floreale

Stadio di sviluppo del fiore prima che si apra completamente. I bottoni floreali sono spesso verdi o chiusi e rappresentano il potenziale di fioritura della pianta.

C

Coltivazione

Pratica di coltivare piante in un ambiente controllato, che comprende la scelta del terreno, la semina, l'irrigazione, la potatura e la concimazione.

Concimazione

Processo di somministrazione di nutrienti al terreno o direttamente alle piante per favorire la crescita sana e vigorosa della viola del pensiero. I concimi possono essere organici o chimici e devono essere scelti in base alle esigenze specifiche della pianta.

Corollario

La parte del fiore composta dai petali. Nella viola del pensiero, i petali possono avere forme e colori diversi, contribuendo all'aspetto ornamentale della pianta.

D

Drenaggio

72

Riferito alla capacità del terreno di permettere il deflusso dell'acqua in eccesso. Un buon drenaggio è essenziale per prevenire il ristagno d'acqua e la formazione di muffe o marciumi radicali.

Divisione

Tecnica di propagazione vegetativa che consiste nel separare una pianta in più sezioni, ciascuna delle quali può radicare e svilupparsi come una nuova pianta. Questa tecnica è particolarmente utile per piante mature di viola del pensiero.

E

Epoca di fioritura

Periodo dell'anno in cui la viola del pensiero produce i suoi fiori. Questa pianta fiorisce generalmente in primavera e autunno, a seconda delle condizioni climatiche e della varietà coltivata.

Esposizione

Posizione della pianta rispetto alla luce solare. Le viole del pensiero preferiscono un'esposizione luminosa ma possono tollerare anche condizioni di mezz'ombra. Un'adeguata esposizione influisce sulla fioritura e sulla salute generale della pianta.

F

Fioritura

Processo di apertura dei fiori, che segna il periodo di maggiore bellezza della pianta. La fioritura della viola del pensiero può variare in durata e intensità a seconda delle condizioni di crescita.

Fiori edibili

Fiori della viola del pensiero che possono essere consumati, spesso utilizzati in insalate, dessert e bevande per il loro sapore dolce e la loro bellezza. I fiori edibili sono anche utilizzati in vari piatti per decorazione.

G

Germinazione

Fase del ciclo di vita delle piante in cui un seme inizia a svilupparsi e a crescere. La germinazione della viola del pensiero richiede condizioni di umidità, temperatura e luce ottimali.

Giardinaggio biologico

Pratica di coltivazione che evita l'uso di pesticidi e fertilizzanti chimici, promuovendo metodi naturali per il controllo delle malattie e la fertilizzazione del terreno. Questo approccio è in linea con le pratiche sostenibili nella coltivazione della viola del pensiero.

I

Irrigazione

Pratica di somministrazione d'acqua alle piante. L'irrigazione della viola del pensiero deve essere regolare, evitando il ristagno, per garantire la salute delle radici e la crescita della pianta.

Innaffiamento

Processo di fornitura di acqua alla pianta, che può essere effettuato manualmente o mediante sistemi di irrigazione automatizzati. L'innaffiamento corretto è cruciale per la salute della viola del pensiero.

L

Luzernario

Tipo di giardino che include piante fiorite, come la viola del pensiero, che attirano gli insetti impollinatori. Questi giardini sono progettati per favorire la biodiversità e la salute degli ecosistemi locali.

Luminosità

Intensità della luce che raggiunge la pianta. La luminosità influisce sulla fotosintesi e sullo sviluppo della viola del pensiero, rendendola un fattore cruciale per la sua crescita.

M

Malattie fungine

Infezioni causate da funghi che possono colpire la viola del pensiero. Le malattie fungine più comuni includono la muffa grigia e il marciume radicale. È fondamentale identificare e trattare tempestivamente queste malattie per preservare la salute della pianta.

Mutazione

Cambiamento genetico che può influenzare le caratteristiche della pianta, inclusi il colore e la forma dei fiori. Le mutazioni possono portare a nuove varietà di viola del pensiero.

N

Nutrizione

Insieme dei nutrienti necessari per la crescita e la salute della viola del pensiero. La nutrizione comprende macro e micronutrienti, come azoto, fosforo, potassio e ferro, che sono fondamentali per lo sviluppo della pianta.

Nebulizzazione

Tecnica di irrigazione che prevede la spruzzatura fine di acqua sulle foglie della pianta per aumentare l'umidità ambientale e fornire una leggera irrigazione. Questo metodo è utile nelle giornate calde e secche.

O

Ornamentale

Riferito all'uso della viola del pensiero per decorare giardini, balconi e spazi interni. Questa pianta è molto apprezzata per la sua bellezza e i suoi fiori colorati.

Osservazione delle piante

Pratica di monitorare attentamente la crescita
e la salute della viola del pensiero.
L'osservazione è fondamentale per individuare
segni di malattie, parassiti o altri problemi.

P

Parassiti

Insetti o organismi che possono danneggiare
la viola del pensiero, come afidi, acari e
cocciniglie. È importante identificare e gestire
i parassiti per mantenere la pianta sana.

Pianta perenne

Tipo di pianta che vive per più di due anni. La
viola del pensiero è considerata una pianta
perenne, poiché può tornare a fiorire anno
dopo anno.

Potatura

Pratica di rimuovere rami o fiori secchi dalla pianta per promuovere una crescita sana e una fioritura abbondante. La potatura è essenziale per mantenere la forma e la salute della viola del pensiero.

R

Radicazione

Processo attraverso il quale una pianta sviluppa radici. Nella propagazione per talea, la radicazione è un passo cruciale per garantire che la nuova pianta si stabilisca correttamente.

Rinvaso

Operazione di trasferimento della pianta in un vaso più grande o in un nuovo substrato per favorirne la crescita. Il rinvaso è spesso necessario quando le radici della viola del pensiero riempiono completamente il vaso attuale.

S

Semina

Processo di piantare semi nel terreno o in contenitori per avviare la crescita delle piante. La semina è il primo passo nella propagazione della viola del pensiero.

Sfasamento

In giardinaggio, si riferisce alla tecnica di piantare piante in momenti diversi per garantire una fioritura continua nel tempo. Lo sfasamento delle viole del pensiero può portare a un giardino fiorito per gran parte dell'anno.

T

Talea

Porzione di pianta utilizzata per la

propagazione vegetativa. Le talee di viola del pensiero possono essere prelevate da steli sani e radicate per ottenere nuove piante.

Temperatura

Misura del calore presente nell'ambiente, che influisce sulla crescita e sullo sviluppo della viola del pensiero. Temperature troppo elevate o basse possono stressare la pianta e influenzarne la fioritura.

U

Utilizzo culinario

Riferito all'uso dei fiori di viola del pensiero in cucina, dove possono essere impiegati per decorare piatti o per insaporire insalate e bevande. I fiori sono apprezzati non solo per la loro bellezza,

ma anche per il loro sapore.

Umore della pianta

Stato di salute della viola del pensiero, che può essere determinato osservando il colore e la vitalità delle foglie e dei fiori. Un'adeguata cura e attenzione possono migliorare l'umore della pianta.

V

Varietà

Differenti cultivar di viola del pensiero che possono avere caratteristiche uniche, come colori, forme e dimensioni dei fiori. Esistono molte varietà, ognuna con le proprie peculiarità.

Vittoria vegetativa

Fase di crescita attiva della pianta, in cui la viola del pensiero sviluppa foglie, radici e fiori. Questa fase è cruciale per garantire una fioritura sana e abbondante.

Z

Zolle di terra

Blocchi di terreno che contengono le radici delle piante. Le zolle di terra devono essere trattate con cura durante il rinvaso o la divisione per non danneggiare le radici della viola del pensiero.

Zuccheri

Composti prodotti dalla fotosintesi nelle piante, fornendo energia necessaria per la crescita e lo sviluppo. I fiori di viola del pensiero beneficiano della presenza di zuccheri, che influenzano la loro fioritura.

Indice